中国精致建筑100

筑境

侗寨建筑

杨昌鸣 撰文摄影

中国建筑工业出版社

出版说明

中国是一个地大物博、历史悠久的文明古国。自历史的脚步迈入新世纪大门以来，她越来越成为世人瞩目的焦点，正不断向世人绽放她历史上曾具有的魅力和光辉异彩。当代中国的经济腾飞、古代中国的文化瑰宝，都已成了世人热衷研究和深入了解的课题。

作为国家级科技出版单位——中国建筑工业出版社60年来始终以弘扬和传承中华民族优秀的建筑文化，推动和传播中国建筑技术进步与发展，向世界介绍和展示中国从古至今的建设成就为己任，并用行动践行着"弘扬中华文化，增强中华文化国际影响力"的使命。从20世纪80年代开始，中国建筑工业出版社就非常重视与海内外同仁进行建筑文化交流与合作，并策划、组织编撰、出版了一系列反映我中华传统建筑风貌的学术画册和学术著作，并在海内外产生了重大影响。

"中国精致建筑100"是中国建筑工业出版社与台湾锦绣出版事业股份有限公司策划，由中国建筑工业出版社组织国内百余位专家学者和摄影专家不惮繁杂，对遍布全国有历史意义的、有代表性的传统建筑进行认真考察和潜心研究，并按建筑思想、建筑元素、宫殿建筑、礼制建筑、宗教建筑、古城镇、古村落、民居建筑、陵墓建筑、园林建筑、书院与会馆等建筑专题与类别，历经数年系统科学地梳理、编撰而成。本套图书按专题分册，就其历史背景、建筑风格、建筑特征、建筑文化，结合精美图照和线图撰写。全套100册、文约200万字、图照6000余幅。

这套图书内容精练、文字通俗、图文并茂、设计考究，是适合海内外读者轻松阅读、便于携带的专业与文化并蓄的普及性读物。目的是让更多的热爱中华文化的人，更全面地欣赏和认识中国传统建筑特有的丰姿、独特的设计手法、精湛的建造技艺，及其绝妙的细部处理，并为世界建筑界记录下可资回味的建筑文化遗产，为海内外读者打开一扇建筑知识和艺术的大门。

这套图书将以中、英文两种文版推出，可供广大中外古建筑之研究者、爱好者、旅游者阅读和珍藏。

目录

侗寨建筑

在中国少数民族建筑中，侗族建筑具有非常鲜明的特色。无论是普通的干阑式住宅，还是华丽的鼓楼和风雨桥，都会给去过侗乡的人留下深刻的印象。

侗族，人口约一百四十多万，主要聚居在贵州省的剑河、三穗、镇远、玉屏、天柱、锦屏、黎平、榕江、从江等九个县，湖南省的靖县、通道、城步等三县以及广西壮族自治区的融水、三江、龙胜等三县。侗语属于汉藏语系壮侗语族侗水语支，分为南北两大方言区。除语言上的差异之外，这两个方言区的风俗习惯也略有不同。

图0-1 都柳江畔
靠山吃山，靠水吃水，生活在绿如玉带的都柳江畔的侗族群众，不仅从事水稻农耕，而且也进行渔业捕捞活动。这些看起来温文尔雅的鱼鹰（鸬鹚），却个个是捕鱼高手。它们骄人的捕鱼成绩自然也会得到主人的丰厚回报。

侗族具有悠久的历史。侗族先民可能属于秦汉时期"骆越"的一支，魏晋以后则属于"僚"的一支。在隋唐史籍中，已出现了将侗族聚居区称为"峒"或"溪峒"的记载；宋代也有"洞"或"峒"的行政区划；至今在侗族聚居地区仍有许多带有"洞"的地名。这或许与侗族名称的由来有关。

侗族聚居地区具有良好的生态环境，这里的气候温和，雨水也比较充沛。特定的自然环境决定了侗族以农业和林业生产为主。侗乡的物产异常丰富，除盛产糯米、桐油、木耳等经济作物以外，还出产大量杉木、松木和毛竹，为侗族人民充分发挥建筑艺术天赋打下了良好基础。

图0-2 侗家织女
心灵手巧的侗族妇女，堪称勤俭持家的典范。即便是在各种机织布令人眼花缭乱的今天，她们仍对自己织出的土布青衣情有独钟。洁白的丝线中，交织着侗族妇女五彩斑斓的憧憬和梦幻。

一、家在青山绿水间

图1-1 木楼上的"泰山石敢当"木牌

"泰山石敢当"原本是汉族住宅中常见的风水禳解用品，如今却堂而皇之地出现在侗族木楼上，不能不使人感受到"风水"观念的巨大渗透力。诚然，对理想居住环境的不懈追求是不分民族的，但不同文化的交汇融合却往往要从大家共同关心的问题上找到切入点。这块"泰山石敢当"木牌，似乎还有许多信息在等待着我们去解读。

侗族村寨大都依山傍水。在"有利生产，方便生活"原则的指导下，村寨的总体布局主要根据自然环境的特点来展开，呈现出复杂多变的形式。在村寨位置的选择过程中，起主要影响作用的因素无非是土地是否便于耕种、地形是否理想、水源是否充足、交通是否方便，等等。此外，由于侗族长期与汉族接触，在其原有的笃信万物有灵思想观念的基础上又明显受到汉族的某些影响，例如相信风水八卦、崇拜龙脉地神等等。因此在具体确定寨址及宅基的时候，也要请风水先生按照"乾、兑、艮、离、坎、坤、震、巽"的坐向进行比较，必须是福生地和福生位才能定座和定向，否则就会伤害龙脉，引发天灾人祸。这种习俗虽然带有比较浓厚的迷信色彩，但其基本出发点还是要尽最大可能寻求理想的生活环境，在生产力低下的条件下，这也是一种可以理解的做法。

从村寨与周围环境之间的相互关系来看，比较常见的村寨总体布局形式主要有：三面临

图1-2 广西三江马安寨总平面图（引自《桂北民间建筑》）

马安寨总平面的外轮廓看起来还真有些像马鞍的形状，这也许是村寨得名的原因之一。该寨的东、南、西三面都被欢快流淌着的林溪河水包围着，呈现出名副其实的半岛格局。这座村寨与外界联系的最便捷途径就是那两座风雨桥了，而颇负盛名的程阳桥正是其中之一。

1.程阳桥；2.马安寨；3.平岩桥；4.鼓楼；5.林溪河；6.公路

水、背山面水、隔水相望等等。

所谓三面临水，其实也就是村寨恰好位于一个半岛状的台地上，背靠大山，三面均有水环绕。这种布局形式与汉族风水中的理想居住环境有着许多吻合之处，其缺点是对外交通联系不太方便，因而在采用这种布局形式的村寨中常常看得到比较考究的风雨桥。广西三江县的马安寨就是一个很典型的例子。该寨北面是山，由东面流来的林溪河绕寨而过，并向西缓缓流去。著名的程阳桥和平岩桥分别架设在村寨的西面和东面，成为沟通对外交通的主要通道，同时也成为村寨整体空间环境的重要组成部分。

背山面水的布局形式在侗族聚居地区最为常见。采用这种布局形式的村寨中，或大或小的溪河从寨前流过，幢幢木楼沿河展开，顺着等高线有序布置，在青山与绿水的映衬下，展现出一幅幅悠然自得的田园山居生活画卷。

图1-3 依山傍水的巨洞寨
贵州省从江县下江区巨洞寨，位于都柳江南岸。全寨共有150余户，780余人。幢幢木楼沿等高线布置，形成依山面水的布局形式。

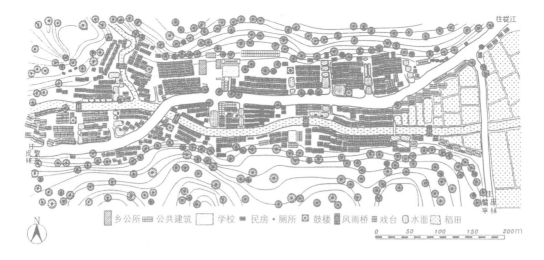

图例: ▨乡公所 ▦公共建筑 ▢学校 ▪民房·厕所 ⊞鼓楼 ▩风雨桥 ⊡戏台 ▨水面 ⊡稻田

往从江

往黎平

往肇平林

0 50 100 150 200m

图1-4　"千家大寨"肇兴乡平面图（引自台湾《建筑学报》总第六期）

贵州省黎平县肇兴乡，古时又称肇洞，为黔东南首屈一指的大寨，因而当地曾流传着"七百贯洞，千家肇洞"（注：贯洞系当地的另一侗族大寨）的说法，其规模可以想见。肇兴地处谷地，两条小溪在寨前相汇后穿寨而过，将村寨的主体部分一分为二（后来开通的公路亦从寨内穿过，对村寨的格局也造成了一些影响），形成隔水相望的布局形式。由于整个大寨系由五个小寨组合而成，因此在这张平面图上，我们可以看到五座风雨桥和五座鼓楼，这也是肇兴乡区别于其他侗族村寨的最主要的标志。

在相对平坦的河谷地带，有时也可见到隔水相望的布局形式。其特点是村寨的布局通常在河流的两侧完成，其间的交通联系主要靠风雨桥来担任，各单体建筑的位置安排主要取决于河流的走向，因此在总体布局上也呈现出自由活泼的面貌。贵州省黎平县的肇兴乡就是一个典型的例子。

构成村寨的基本元素是单体建筑，把它们有机地组织为一个整体的，是村寨内部的道路系统。侗族村寨的道路系统在大多数场合都是以村寨的中心空间（如鼓楼、戏台、广场等）为核心，结合地形的具体特点，几条主要道路呈放射状向外辐射，再通过若干次要道路的互相联系，形成一个中心明确的交通网络。这种向心性极强的道路系统使散布于村寨各处的住户均能与村寨中心有方便的联系，极大地增强了侗族村寨的凝聚力。

图1-5 流水人家

潺潺的流水，为侗家木楼提供了充足的消防水源。在经常遭受火灾困扰的侗族村寨中，这无疑是最经济而具有效的消防措施。木楼底层局部架空的处理方式，也为寨内道路交通的组织创造了便利的条件。

　　在对道路的具体组织方面，侗族村寨又表现出相当的灵活性。为了少占耕地，村寨的范围总是要限制在尽可能小的土地内，侗家的木楼的布置也是见缝插针。因此，道路的组织就只能根据具体地形环境的特点以及建筑的布局情况灵活掌握。了解了这一点，人们就不会惊诧为什么侗寨的道路有时会从某座木楼下穿楼而过，有时又会从某家屋檐下斜插而出……。也正是在这种思想的指导之下，侗寨沿河民居木楼常将临水一侧的底层架空，让行人借助栋栋相连的木楼的庇护，稍解日晒雨淋之苦。

　　侗寨的道路每每用青石板铺就，取其粗糙防滑且来源广泛之利。至若蒙蒙细雨中，赤足走在这蜿蜒起伏的石板小路上，恐怕会对那些其貌不扬的大大小小的青石板产生一种别样的感受。

图1-6 侗乡梯田（张志国 摄）

依山就势层叠而上的梯田，既是侗族人民主要的劳动场所，也是构成侗乡优美风景的主要元素。

因为建筑材料多用木材的缘故，对侗族村寨威胁最大的，莫过于时时刻刻都有可能发生的火灾。在缺乏现代化消防设施的侗寨，除了各家各户的小心防范之外，唯一能采取的措施就是要有足够的消防水源。为解决这一问题，侗族村寨总是尽可能地将溪河之水引入寨内，他们或是挖塘围堰，为村寨贮存消防用水；或是开渠引流，让木楼处于涓涓细流的环绕之中。这种原本出于实用意义的考虑，却也为侗寨增添了几分"小桥流水人家"的韵味。

二、杉树的奉献

由于杉树生长迅速，形态挺拔，材质良好且具有较强的抗腐能力，因此杉木就成为侗族人民最常用的建筑材料。侗族人民根据杉木易于加工组合以及当地地形起伏变化的特点，选用干阑式建筑作为主要的居住建筑类型，侗乡也因拥有一大批用杉木建造的木楼而闻名遐迩。

所谓干阑式建筑，实际是对古时"人处其上，畜产居下"的居住建筑类型的通称。"干阑"一词，最早见于魏晋时期的汉文古籍，原是对某些少数民族"房屋"一词的音译。民族学资料表明，将"干阑"作为房屋的称谓是壮侗语族诸民族所共有的特征，早期是"干阑"并称，后来"干"和"阑"逐渐分离，但仍为同时并用的两个同义词，再往后，"干"字退出历史舞台，"阑"则依然沿用。"干阑"也作"干栏"，或称麻栏。早期的干阑式建筑似乎还带有巢居的痕迹，正如《北史·蛮獠传》

图2-1 替代瓦片的杉树皮
杉树全身都是宝，就连它那不起眼的树皮，也具有一定的遮风蔽雨的作用，所以它曾经是主要的屋面建筑材料。即使是在今天，它还常常被用作屋瓦，尤其是在经济条件较差的村寨中，这种情况比比皆是。

图2-2 古朴的侗族干阑式木楼
侗族的干阑式木楼，借助于杉树的无私奉献，将人工的机巧与天然的纯美糅为一体，以一种质朴的姿态求得与青山绿水的和谐一致。

所云："依树积木，以居其上，名曰干阑；干阑大小，随家口之数"。后来才逐步向楼的形式演化。到了唐代，史书已有"人楼居，梯而上，名为干阑"的记载。由于干阑式建筑具有很多优点，如像易于建造、抗震性好、通风防潮、抵御虫蛇侵袭等等，因而在少数民族聚居地区得到了广泛的运用。

干阑式建筑依其结构构造的不同而有支撑框架体系和整体框架体系的区别。所谓支撑框架体系，是指由下部支撑结构和上部庇护结构组合而成的复合结构体系，形象地说，整座建筑是由埋插在地面上的柱子（或其他结构）以

图2-3 "整柱建竖"的木构架纵横交错的穿枋，将一根根高大的立柱紧密地连接成一个稳定的整体框架，使侗族木楼可以适应各种复杂的地形条件，同时也可以分期建造，灵活分隔。

及搁置在它上面的普通穿斗式房屋组合而成。而整体框架体系则是指建筑的下部支撑结构和上部庇护结构联结成一个整体框架的结构体系，简单说来就是用贯通上下的长柱将上下两个结构部分合二为一，具有较好的整体性。古代的巢居、栅居等都属于这一体系。

在侗族聚居地区比较常见的"整柱建竖"木楼应属于整体框架体系的范畴。

"整柱建竖"的具体做法是在每根长柱上分别凿出上榫眼、中榫眼和地脚孔，再用枋将其串联后竖立起来。上榫眼与木枋串联处正好是天花板的部位，中榫眼与木枋的串联处是铺设楼板的位置，柱子下端的地脚孔装上木枋或圆杉木后称为"地脚"，可用来嵌插壁板。一般的做法是将三或五根柱子用枋串联起来成为一个排架，再用枋将二或三五个排架连接为一个整体框架，就构成了侗族建筑常见的屋架形

图2-4 肇兴乡的木楼
与其他民族常见的干阑式木楼相比，侗族木楼有一种越来越明显的发展趋势，这就是其底层部分正逐渐由相对开敞转向完全封闭，但这并未对侗族传统的"人居其上"的生活方式产生根本性的影响。

式。这种屋架，由于在水平方向上都有穿枋互相联系，因而具有很强的抗震性。同时，这种屋架也具有很好的整体性，即使有一两根柱脚因地形起伏而悬空，也不会歪斜或倒塌，易于适应各种复杂的地形条件，可以极大地减少工程土方量，节约大量人力物力。

早期的干阑式建筑底层一般都是完全架空，最多稍加围挡用于饲养牲畜。随着时代的发展，侗族木楼在这一方面也出现了一些变化。大多数木楼的底层尽管仍然主要用来饲养牲畜，同时也放置部分农具和杂物，但却不再完全开敞，而是用木板加以围合，在外观上看起来与普通的汉族楼房建筑相差无几。

除了民居建筑采用杉树作为主要的建筑材料以外，在侗族村寨的其他公共建筑（如鼓楼、风雨桥、戏台、凉亭等等）中也都能看到杉树的广泛应用。侗族人民也因此对杉树有着一种特殊的感情。

三、亲情的凝聚

图3-1 长屋的遗迹/上图

坐落在贵州省榕江县乐里镇保里村的这幢貌不惊人的木楼，长达30多米，据说曾住有80多口人，被人称为"吴家大房子"。至于建造这种大房子的原因，有人说是为了有足够的力量以抵御当时比较猖獗的土匪侵犯。这固然不失为一种合理的解释，但其真正的原因可能还是与原始社会的集体生活与生产方式有着密切的关联。

图3-2 从江高增吴宅的宽廊/下图

侗族木楼特有的宽大走廊，其实是一个半开敞的客厅或堂屋。它并不像普通的走廊那样，仅仅具有解决交通问题的机能，而是整个家庭日常活动的中心。家人可以在这里纺线织布，亲友可以在这里煮酒话旧，客人可以在这里接受款待……正是这充满亲情和温暖的宽廊，使村寨的公众空间与木楼的私密空间之间，建立起亲切和睦的密切联系。

置身侗族村寨中，你会感受到一股浓浓的亲情。的确，无论是侗族村寨或是侗家木楼都是亲情凝聚的产物，这是由特定的历史条件和地理环境所决定的。在生产力低下的年代里，侗族先民与其他原始氏族一样，认识到只靠单个家庭的力量是难以从事生活斗争的，因此，若干有血缘联系的家庭联合起来共同生活就成为一种代相传承的生活习惯。这种用亲情凝聚起来的集体生活意识对侗族人民的影响是根深蒂固的，直到今天也依然发生着潜移默化的作用。

目前仍能见到的侗族长屋就是这种集体生活意识的物化形式。所谓长屋，又称长房，即长度远远超过普通住宅的大型房屋，其长度从十来米到上百米不等。也有人称为公共住宅，因为居住在长屋中的，并不只是一个小家庭，而是一个扩大的家庭、一个家族乃至一个氏族。有时一座长屋就可构成一个村寨，其规模可想而知。长屋曾经广泛分布于东南亚地区，但在中国西南地区和长江流域以及印度的阿萨姆邦也曾有所发现，其历史相当久远，可说是东南亚建筑文化圈聚居生活模式的重要组成部分。

贵州榕江县乐里区保里村至今还有几座长达三十多米的长屋。如像吴家大房子，总长为36.2米、宽10米，在通长走廊的一侧，布置着若干个小房间，据说以前曾住有80余口人，可谓人丁兴旺。

随着社会的发展，长屋逐渐解体。这种过程的缩影在某些侗族村寨的近亲联排式住宅中也能看到。近亲联排式住宅实际是若干具有血缘联系的近亲家庭，在同一宅基上建造联排式木楼。各木楼的构件尺寸相同，进深开间及高度相同，甚至连建房的时间也相同，而且各家之间屋檐相接、楼板相通，从远处看去，与长屋几乎一模一样，同时也确实可以"走遍全寨不下楼"，因而又被人称为"大团寨"。

即使是分户建造的木楼，也表现出比较强烈的集体生活意识。在总体布局上，各家的木楼总是要按照一定的秩序和位置布置在鼓楼的周围。这种向心性的布局形式可以使人们时刻感受到亲情的巨大凝聚作用。

我们现在最常见的侗族木楼的平面布局形式，实际上就是一座缩小了的长屋。一条宽宽的走廊，将家庭的各个小房间联系在一起，也将家庭的各个成员紧紧地团结在一起。宽廊，也是侗族木楼与其他民族的干阑式住宅相互区别的最显著的特征之一。在侗族木楼中，走廊的宽度几乎接近整座建筑进深的三分之一，换句话说，走廊所占的面积差不多要占整个建筑面积（底层架空部分除外）的三分之一。这样宽的走廊在其他地方是不多见的。侗族人民为什么要将走廊做得这样宽呢？这是因为走廊不仅具有交通联系的功能，同时也具有家人聚会、娱乐休息、家务劳动、接待客人等多种功能。它实际上是整个家庭除了睡眠之外的主要日常活动的真正舞台。如果说那些相对封闭、昏暗的小房间的功用是侧重于满足家庭生活的私密性要求的话，那么侗家的宽廊则显然是家庭生活公共性要求的产物。而这种公共性要

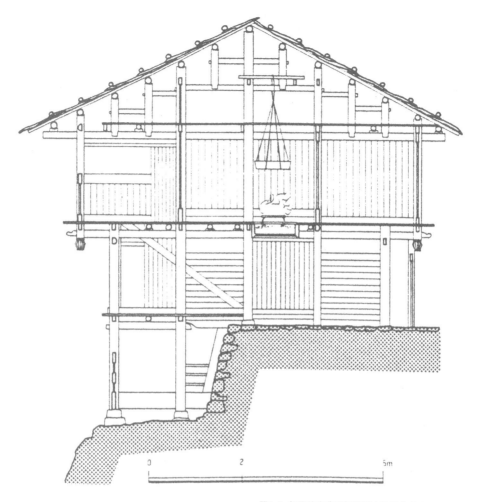

图3-3 侗族住宅典型剖面图（杨昌鸣 绘）
侗族住宅的主要生活空间一般是在第二层，在平面布局上
主要由开敞的宽廊和封闭的内室两大部分组合而成。内室
又分为略带堂屋性质的火塘间和卧室两类。多数情况下，
卧室里也设有火塘，以解决取暖问题。

图3-4 杨秀长宅的火塘
火塘在侗族的木楼中占有很重要的地位，它既是进行炊事活动的场所，也是日常家庭生活的中心。火塘的构造形式也有多种，比较常见的是与楼板处于同一平面上的"平火塘"。但在卧室中的火塘，则有将火塘设置在比楼板高出约一步的木台上的做法，贵州榕江保里村计闷寨杨秀长宅的火塘就是如此。

求也多少带有一些原始共产主义生活方式的遗韵。诚然，在各民族住宅中，几乎都有满足家庭生活公共性要求的考虑，如像汉族的堂屋等等，可谓殊途同归，只不过侗族的宽廊更多地反映了古老的长屋生活方式的精神实质罢了。

侗族木楼的居室同样表现出这种古老的影响。凡是比较典型的侗族木楼，组成整个家庭的各个生活单元虽然可以自成一体，但都自觉地从属于整体空间的组织，其居室人都沿着走廊并排设置，每个居室的平面布置也都基本相似，形成一个个私密性较强的单元空间。也正是在这些私密性小空间的衬托下，宽廊的公共性才更显必要和突出。

火塘也是侗族家庭生活中的一个重要元素。所谓火塘，其实是指镶嵌在楼板上的一个敞口浅木箱，箱中盛有灰土，以便架柴生火，做饭取暖。火塘周围常嵌以砖或石板，可起防

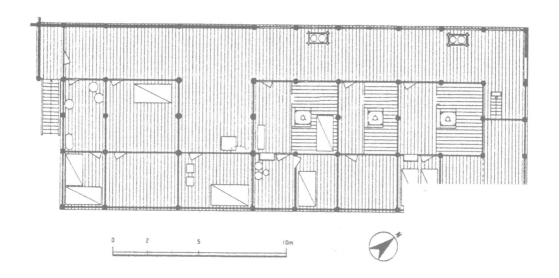

0   2   5   10m

火作用。就火塘的主要功用来说，它在早期建筑中并不只是用来"煮食"，更主要的可能还是用来取暖御寒，因为这对于尚无有效御寒手段的人们来说，可能是最为简便有效的措施。因此，火塘不仅是室内日常活动中心，而且是室内供暖中心，它的周围当然也就是最佳寝卧处了。这就在客观上确立了火塘在室内空间中的主导地位。火塘的具体位置再加上以睡席划分寝卧空间的布局方式，也在一定程度上决定了整个建筑的格局。

火塘并不仅仅是炊事活动的场所，而且是室内供暖的泉源，家人的起居生活大都围绕火塘进行，因此，侗族的火塘与汉族的炉灶绝不能相提并论，而且火塘在客观上已成为室内日常活动的中心，从而建立起在室内空间布局中的主导地位。在侗族木楼中，既有供整个家庭使用的火塘，也有可供各个小单元使用的火塘，借以满足不同的使用要求。而火塘具体位置的确定，又与木楼的平面格局有着密切的联系。一般情况下，供整个家庭使用的火塘设置在"火塘间"里，这个"火塘间"相当于汉族的堂屋与厨房的混合体，是家庭的核心；供各个小单元使用的火塘位置要稍微灵活一些，它们有时设置在小居室的前部，有时又设置在小居室的楼下（在这种场合，居室往往是上下层相通的），有时甚至与寝卧处合并设置，并无一定之规，主要视各自的习惯而定。更有意思的是，有的侗族人家采用了将火塘间与宽廊合二为一的做法，无形中使宽廊的意蕴显得更为深厚。

四、人与自然的分界

图4-1 高增寨门/前页
由于寨门是侗族村寨界限的主要标志，因此对于它的处理也
不能掉以轻心。贵州从江高增寨的寨门在造型上吸收了鼓
楼、风雨桥的某些语汇，展现出既有一定的气势，又舒展大
方的风貌。

侗寨建筑

人与自然的分界

筑境 中国精致建筑100

侗族村寨起初是由具有血缘关系的人们共同居住的，各寨均有自己的公有土地，如山林、田地等等，范围十分明确。各种生产活动诸如耕种、狩猎等只能在属于本寨的领土上进行，否则就会引起村寨之间的争斗。因此，侗族人民对于自己村寨的范围都有清晰的了解。与其他少数民族村寨的做法稍有不同的是，侗族村寨一般不设寨墙，村寨的领域主要依靠寨门的暗示作用在人们的观感上加以限定，村寨的内与外之间并无实际上的束缚或阻隔，只能以寨门作为判别标准。也就是说寨门是整个村寨中最为重要的限定元素。这一点在侗族的建寨活动中就有充分表现，只要设立了寨门，就算是确定了整个村寨的范围。

寨门的这种重要作用又为赋予它自身以宗教性意义提供了可能性。人们相信鬼灵会给村寨带来灾难，因而必须把它们阻挡在村寨外面，寨门于是又承担了拦鬼或者说保佑村寨平安的重任。

透过寨门的宗教性表象，可以发现人类对限定聚居环境的重视是一种恒久的追求。某些侗族村寨至今还保存着这样一种习俗，就是在

图4-2 者蒙寨门

依所处位置的不同，寨门也有主次之分，在设计上当然也需要有所区别。贵州省锦屏县者蒙村的这座寨门，因为地处次要入口，其造型处理就较为朴实，可以避免出现喧宾夺主的情况。

春节前三天晚上由寨老们率领全寨男青年绕村寨边界周游三圈的活动，目的之一就是要使年轻人不要忘记村寨的界限。

侗寨寨门的形式很多，但大体上可分为两类。一类是多层干阑式，其底层架空供人进出，上层可供登高眺望，这种类型的寨门常常与戏台等合并设置；另一类是单层门阙式，在形式上受汉族影响较大，通常独立设置。在外观造型和装修方面，侗寨寨门有的富丽堂皇，有的简朴大方，各有特点。一般来说，位于主要入口处的主寨门在造型上都比较考究。贵州省从江县高增寨的寨门，在造型上汲取了鼓楼和风雨桥的语汇，经过巧妙的组合变形，以变化丰富的轮廓线构成了独特的寨门形象，成为高增寨的象征之一。至于那些在次要入口处的寨门，在处理上就要随便得多了，有时甚至仅具象征意义而已。

在地形有较大的高差变化的场合，寨门也经常肩负着空间过渡的使命。广西三江县大田村的主要入口与大路之间有三、四米左右的高差，为解决这一矛盾，人们巧妙地将寨门与戏台糅为一体，利用干阑建筑易于适应地形高差变化的优点，把寨门布置在坡坎的边缘位置，并在建筑底层架空部位设置一串台阶的引导，使村寨内外之间的高差变化在进出寨门的过程中得以化解，颇具匠心。

寨门也是组织村寨空间序列的一个重要元素，它可以明确地引导空间、标志空间性质

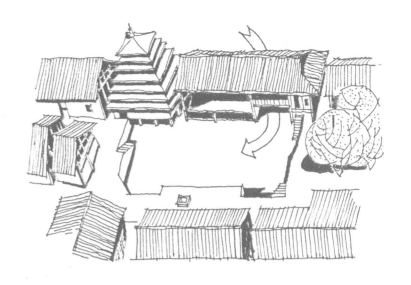

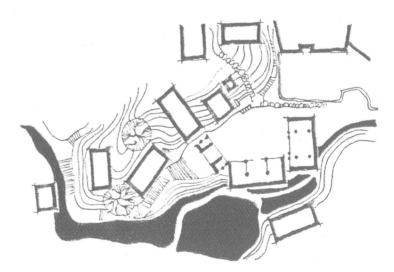

图4-3 大田寨入口广场鸟瞰图（段进 绘）/上图

根据大田寨主要入口处地形高差较大的具体情况，人们别出心裁地将寨门与戏台结合成一个整体，并且在位于一旁的鼓楼的配合之下，形成了主入口广场，创造出先声夺人的空间效果。

图4-4 亮寨入口平面图（段进 绘）/下图

弯弯的道路使人产生一种期待，一旦柳暗花明，就意味着新的期待即将开始。去过广西三江亮寨的人，相信会对这种体验有更多的感受。

的转换等等。在广西三江亮寨，当人们从一条蜿蜒的石板小路走来，位于一个转弯处的寨门常常会给人以意外的惊喜。这座朴实无华的寨门，既宣告了曲折的引导空间序列的结束，也以明确的视觉信息提醒人们注意即将到来的空间的性质将会有全新的转换。

侗族村寨的寨门有时还附设有坐凳供来往行人休息，这种充满关怀的设置，对于外来的客人来说，无异于主人热情迎候的无言表达；对于本寨的村民来说，也不失为消除旅途疲惫的良好措施。

五、家族的象征

筑境　中国精致建筑100

图5-1　增冲鼓楼（刘妍 摄）

鼓楼的造型，据说其最初的灵感来源于杉树的启迪，从贵州省
从江县的这座著名的鼓楼身上，你也许真的会产生对高大挺拔
而又潇洒飘逸的杉树的某种联想。虽然现在还无从确切知道，
但至少不能完全否认大树崇拜对鼓楼的起源所具有的影响。

流传久远的侗族"祭祖歌"中唱道："未置门楼，先置地上。未置门'寨门'，先置地'萨丙'。"意思是说，在建楼之前，先划定地域；在设置寨门之前，先划定侗族所共同供奉的女神——"萨丙"的地方。这里所说的"楼"，可能即指鼓楼，也就是说，建造鼓楼和供奉萨丙是建寨之初的头等大事。

鼓楼是一个复杂的建筑综合体，因其高大雄伟而称为"楼"，又因其内部通常悬挂有牛皮大木鼓，故称之为"鼓楼"。事实上，凡是去过侗族村寨的人，大都会对那些形态各异、华丽壮观的鼓楼留下深刻印象。在经济并不发达的情况下，这一事实本身就说明了鼓楼在侗族村寨社会生活中所占有的重要地位。人们总是要将最多的财力和最多的心血倾注到他们心目中最重要的建筑之中，无论是自觉的还是不自觉的、主动的还是被动的，都是如此。这就是华贵的建筑与简陋的建筑得以同时存在的原因之一。建筑艺术和技术的发展进步，有赖于人们对重要建筑物的刻意经营，这已为建筑发展史所证明；反过来说，凡是人们所刻意经营的建筑物，也必定具有一定的重要性，否则它没有理由受到特殊的礼遇。鼓楼的重要性就在于它是村寨的心脏，不仅村寨要围绕着它来建造，家族也要以它为标志，村寨的政治、经济、文化、军事等各种活动都无不与之有关。

侗族群众建造村寨时，一般的做法是首先由老年人共同商议选定寨址，然后由各家各户搭建临时性简易住房，接下来就要集体筹建高

图5-2 鼓楼装饰（局部）
如果说侗族鼓楼在细部处理上总的风格是简洁明快的，那么，说它亭顶部分的处理是不惜笔墨或精雕细刻的也绝不会过分。不过，也正是借助于这种简洁与烦琐的对比，才使侗族的鼓楼更具魅力。

大雄伟的鼓楼。直到鼓楼建成之后，各户才能建造永久性的住房，而且这些住房都不得高于鼓楼。有的村寨不幸因火灾而被全部烧毁后，首先要做的事就是要在鼓楼的旧址上搭起鼓楼的架子，如果一时无力建造鼓楼，也要在寨子中心插一根杉木来代替。这种情况表明，鼓楼已不是一座可有可无的普通建筑，在它的身上，寄托着全体村民的共同愿望：保佑村寨的平安兴旺。鼓楼也因此而成为侗族人民心目中的精神支柱和侗寨社会生活的核心。

由于早期的侗族村寨都是由具有血缘关系的人们或者说同一家族的人们集体居住的，因而一个村寨的鼓楼又常常成为一个家族的最明显的标志。因为鼓楼的华丽或简朴，高大或矮小，都直接反映出一个家族的兴旺或衰落情况，人们只需观察鼓楼的建造水准就可了解某个家族的大致状况。这也在无形中产生了一种动力，促使各个家族竭尽全力去建造本寨的鼓

图5-3 高增鸟瞰
只要看到那三座高耸的鼓楼，无须再作解释，就可使人对贵州从江高增寨的组成情况有了直观的了解。内部的界限分明，并不影响对外的团结一心。这就是高增寨给人的第一印象。

楼，并以之作为家族集体荣誉感的象征。也正因为如此，当一个村寨由一个大家族分化为若干个小家族时，或是村寨由几个不同的家族组合而成时，各个家族都要建造属于本家族的鼓楼以示区别。在这种场合，各个家族之间的主次关系，也会通过鼓楼的高低或繁简上的差异表现出来。如像贵州省从江县高增村，对外作为一个整体出现，内部则分为三个小寨，各自建有鼓楼来作为本家族的标志。最早在高增定居的杨姓家族聚居区域叫做上寨，所建的鼓楼也最高，称为"父"；来寨时间稍晚的吴姓家族聚居区叫做下寨，其鼓楼也比上寨的低矮些，称为"母"；而由上下两寨分离出来的新寨则叫做坝寨，这里的鼓楼必须低于上下两寨的鼓楼，并被称为"子"。其间的主次先后令人一目了然。又如贵州省黎平县肇兴乡，对外是一个陆姓大寨，其内部则分为五大房族，各房族另有内部姓氏，分别居住在"仁、义、礼、智、信"这五个小寨中，各个小寨均有自己的鼓楼、风雨桥、戏台等公共建筑，自成一体。它们内部的主次关系，也是通过鼓楼的高低大小差异体现出来的。

　　作为一种具有集会所性质的公共性建筑，鼓楼是村寨的领袖"寨老"召集村民商议村寨大事的主要场所。正如民国年间姜玉笙在其所撰《三江县志》中所说："凡事关规约，及奉行政令，或有所兴举，皆鸣鼓集众会议于此，会议时村中之成人皆有发言权，断事悉秉公意，依条款，鲜有把持操纵之弊，决议后，虽赴汤蹈火，无敢违者。"侗族的乡规民约，实际是一种大家共同遵守的规则，或曰习惯法。鼓楼既是制定乡规民约的场所，也是维护它的场所。凡是有与乡规民约严重相违的事件发生，都要在鼓楼召开全寨大会来惩罚肇事者，这同时也可使村民受到教育，达到维护正常社会秩序的目的。

正是由于鼓楼具有一种无形的社会控制力量，使村民对鼓楼产生了畏惧与依赖相互糅合的复杂心理。他们感到鼓楼有一种凌驾于人上的力量，并且时刻在监察着他们的一举一动。这样一来，鼓楼的地位不仅得以强化，甚至有些神化了。于是，村民遇有调解不下的纠纷，也要交由鼓楼来裁决，亦即众人断案，鼓楼判决。这在侗寨算是终审判决，一经宣判，不得上诉。鼓楼的权威可见一斑。

鼓楼又是侗寨经济活动的决策场所。凡是与全寨人民生活有关的经济问题以及牵涉到集体利益的重要生产活动都要在鼓楼中集体商议决定。如像举行插秧仪式、兴建水利工程、集体狩猎或渔捞活动、修路架桥等等，都要在鼓楼中议定日期并安排组织。此外，对物价的调节和粮食的控制、家族或村寨共有土地的出售等等，也是鼓楼集会所要讨论的重要内容。如果缺少了经济方面的内容，社会控制的力量就会显得软弱无力，鼓楼的作用也证明了这一点。

图5-4 肇兴鸟瞰

那条穿寨而过的公路，尽管给肇兴带来了交通的便利，但也多少使这座千家大寨的原有格局受到了一些破坏。日月如梭，沧海桑田，只有那些依旧光彩照人的鼓楼、戏台和风雨桥，还能够唤醒几分对其昔日风光的模糊记忆。

鼓楼也可作为军事指挥的中心。遇有战事，要在鼓楼决定如何采取军事行动、举行出征仪式、庆贺得胜凯旋等等。鼓楼之所以能当此重任，关键在于它有强大的凝聚力，能够激发全体村民团结抗敌的高昂战斗情绪，树立必胜的信心，这是其他任何场所都难以替代的。当然，及时发现敌情并鸣鼓报警，也是鼓楼最基本的功能之一。

然而，在鼓楼中进行得最为频繁的活动内容仍涉及文化、娱乐和宗教等方面。老年人可以在这里休息或"摆故事"，青年人可以在这里"对歌"跳舞。节日里这里又是迎宾和聚会的场所。全寨性的祭祀活动，青年人的成年仪式等等也都要在鼓楼举行。这些平凡而又经常性的活动内容，又在无形之中加强了人们对鼓楼的依赖感，鼓楼的教化作用也就在不知不觉中展现出来。

图5-5 坝寨鼓楼内部仰视
鼓楼的内部通常少有装饰，室内空间气氛的创造主要是依靠构件本身所形成的对称和渐变的韵律。

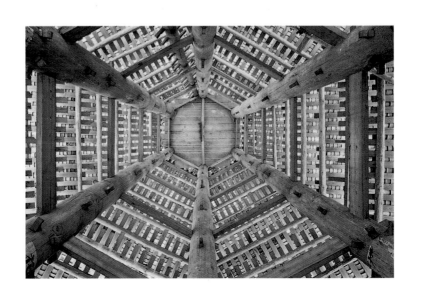

图5-6 鼓楼广场

在侗族鼓楼的周围，一般都辟有或大或小的广场，称为鼓楼坪，主要用于公众集会或共度节日。平时这里可能有些冷清，一到节日可就成了欢乐的海洋。所有的忧愁和烦恼，在这个朴素的广场上都会悄悄地逝去。

图5-7 鼓楼内的惬意时光
（张志国 摄）
鼓楼，就像是整个侗寨的大客厅，村民可以在这里集会议事，也可以聊天唱歌。鼓楼中心火塘的温暖，伴随着人们度过许多惬意的时光。

凡此种种，都反映了鼓楼在侗族村寨社会生活中所具有的重要作用，鼓楼就像是一块巨大的磁石，借助于社会控制的无形力量，将个人的行为模式整合为民族的行为模式，并进而构成整体统一的侗族村寨社会秩序。

鼓楼经历了一个从简单到复杂的发展过程。鼓楼最早出现的时间及形制为何，由于缺乏文献记载和实物证据而难有定论，但人们一般倾向于将明代邝露在《赤雅》一书中所描写的"罗汉楼"看做是鼓楼的早期形象，即"以大木一株埋地，作独脚楼，高百尺，烧五色瓦覆之，望之若锦鳞矣"。这种独脚楼的残迹至今仍可在贵州省黎平县岩洞区述洞寨鼓楼中见到。这座鼓楼平面为方形，共有七层，其结构形式是以中心部位直通到顶层一根独柱为支点，从对角线的方向挑出梁枋承托屋面，层层后退，构成美丽的屋顶形象。然而，独脚鼓楼毕竟已很少见，随着时代变迁和技术的发展，

图5-8 贵州黎平县述洞独柱鼓楼（罗德启 提供）/左图

人们一般认为，现在的侗族鼓楼是从"独脚楼"演化而来的，事实上，这种"独脚楼"的痕迹迄今还保存在贵州黎平县述洞寨的独柱鼓楼中。这座仅有的独柱鼓楼，的确可以为我们探寻侗族鼓楼的发展轨迹提供很多珍贵的信息。

图5-9 贵州黎平县述洞独柱鼓楼内部结构（罗德启 提供）/右图

述洞寨的独柱鼓楼，其结构形式是以位于中心部位的一根粗大的立柱为支点，在立柱的不同位置从对角线方向挑出梁枋，承托层层屋面，构成独特的外部形象。

鼓楼的形式发生了很大的变化，并且依所处地区的不同而表现出各具特色的面貌特征。就其外观形式来看，目前最常见的鼓楼大致有以下三种类型：

1. 干阑式

侗语把这种形式的鼓楼称为升高的房屋，意思是在干阑式民居上加高的房屋。干阑式鼓楼在构造方式上大体与普通干阑式住宅相同，下层全部或部分架空，主要活动区域布置在上层，屋顶由向内层层屋檐加上攒尖顶组合而成。整座建筑体形并不太高，可看做是由立方体楼身部分、截尖方锥体楼檐部分以及四角或多角攒尖的楼顶部分叠加起来的形式。广西三江县新寨鼓楼就是这种形式的典型代表。

2. 地楼式

地楼式鼓楼意指从地上直接立起来的楼房。这种形式可看做是省略了架空层的干阑式鼓楼，其楼身和楼檐的构造处理也与干阑式基本相同，只是平面形状变化较多，楼檐也更为密集和瘦长，一般为每层檐内收一尺，间距（高差）二尺半，出挑三尺。这种鼓楼最突出的特征是在密集的楼檐端部用华丽的鼓亭作为结束。其鼓亭由亭身和亭顶两部分组成：亭身略有收分，并安装有透窗；亭顶有单檐和重檐两种，多为攒尖顶，偶有歇山顶，檐下常用如意斗栱层层出挑，形成叠涩状封檐，内部立雷公柱，柱上置高一丈左右的铁刹杆，串以钵罐等构成葫芦状宝顶。这种处理手法显然受到汉族建筑的某些影响，当系比较晚近的形式。这种形式的典型代表当推贵州省从

图5-10 新寨鼓楼透视图（引自《桂北民间建筑》）
干阑式鼓楼一般用于地形变化较大的场合，广西三
江的新寨鼓楼就反映了这种情况。

图5-11 马胖鼓楼透视图（引自《桂北民间建筑》）
虽然同属于地楼式鼓楼，但广西三江的马胖鼓楼与贵
州从江的增冲鼓楼相比，又展现出大相径庭的风貌。
莫非这就是地域文化的外在体现？

江县的增冲鼓楼。此外也有些鼓楼的亭顶不用斗栱出挑而用被称为"翘手"的构件来承托上部构件，反倒显得简洁明快。广西三江县的马胖鼓楼即是如此。

有的模仿汉族楼阁造型的鼓楼，例如贵州省榕江县车寨鼓楼等，也属于这种类型。

3. 厅堂式

这种形式的鼓楼体形比较简单，有些近似于普通的厅堂建筑，其结构形式多为穿斗式，有时置有重檐。在侗语中把这种形式的鼓楼称为聚众议事的场所。广西三江县林溪亮寨鼓楼就采用了这种形式。

图5-12 车寨鼓楼
如果不作说明，恐怕很难有人会想到它也是一座侗族鼓楼。所幸外观的这些变化，还不致对其原有意义和功能产生太大的影响。

图5-13 贵州从江高增鼓楼

在高增这个侗族村寨中，共有三座大小不同的
鼓楼。其中最大的一座，属于最早在此定居的
杨姓家族所有。

图5-14 广西盘长鼓楼
相对而言，广西的侗族鼓楼比较喜欢采用正方形的平面，这也许是受到汉族影响的结果。

　　除了上述三种主要类型之外，还有一种门阙式鼓楼，系由厅堂式鼓楼与侗族寨门相结合的产物。另外还有些比较复杂的形式，大都是在上述基本形式的基础上变化发展而成，较为灵活，并无一定之规。

六、村寨中心的祭坛

中国少数民族在选择寨址和建寨活动中普遍表现出对村寨中心的重视，这大概与原始的万物有灵信仰有关。村寨中心的重要性并不在于它在村寨中所处位置本身所具有的优势，而在于它被世代相传的观念所赋予的象征意义。在这种观念的支配下，村寨中心已不再是普通的场所，而是村寨灵魂（或曰寨神）的化身了。

村寨的这种灵魂，也被看做是祖先的灵魂。侗族的"先母坛"就是将寨神与祖先联系在一起的典型例子。侗族人民所说的"先母"，又叫"萨丙"或"萨岁"，是他们独一无二的至高无上的神。侗族人民认为她是人类的创始者，也是生育之神，她还能镇宅驱邪，保佑人畜兴旺，五谷丰登。

图6-1 贵州从江巨洞侗寨先母坛平面、立面图（杨昌鸣 绘）
巨洞寨的先母坛是一座典型的干阑式建筑，它紧密封闭的室内神坛与开敞通透的其他活动空间形成了鲜明的对比。

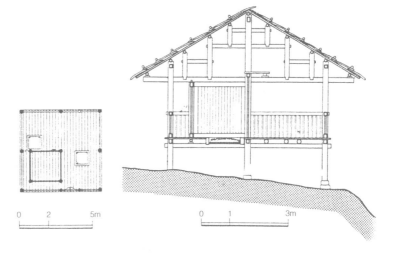

图6-2 贵州黎平高进侗寨先母坛外观
别看高进寨的先母坛在外观上"其貌不扬"，
它在村民心目中的分量可是难以估量的。

图6-3 贵州黎平高进侗寨
先母坛室内
用板壁围合出的室内神坛为
先母坛营造出一种神秘莫测
的空间气氛。雨伞则是最具
象征意义的主要陈设，它
寓意先母能够庇护全寨幸
福安康。

"先母坛"就是供奉萨丙的神坛，分室外
和室内两种。室内神坛一般是建在村寨中央的
小屋，四周盖瓦屋壁围合出一个露天内天井，
天井的中心处用鹅卵石砌成一个高约3尺、直
径2至3尺的圆柱形石坛。石坛下埋着铁三脚、
铁锅、火钳、银帽、油杉、木棒、铁剑、白石
子等物品，有的还撑有纸伞或植有冬青树等。
另外还有比较正规的做法，是在一座矩形小屋
中用板壁围合出神坛的所在，形成一处空间里
的空间，平时紧闭房门，不让外人窥视，只在
祭祀时才能对外开放。例如贵州从江县巨洞寨
的"先母坛"，就是一座底层高约1米的干阑
式建筑，其平面为正方形，四周开敞，仅在其
中四分之一的部位用板壁加以围合，就构成了
一处封闭的室内神坛。但在离巨洞不远的苏洞
寨，我们又看到了与之略有不同的室内"先母
坛"。这座建筑为普通的穿斗式地面建筑，平
面略呈长方形，四周均用板壁围护，仅在东面

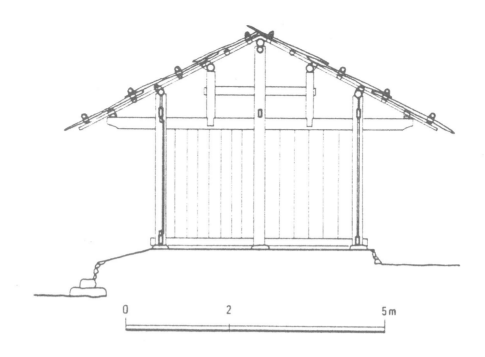

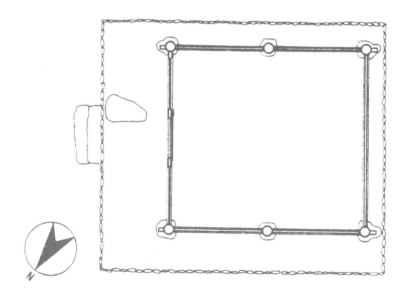

图6–4 苏洞先母坛剖面和平面图（杨昌鸣 绘）

贵州从江县苏洞寨的先母坛，在当地又被称做"社堂"，由于寨内尚无力建造鼓楼，因此它事实上兼具鼓楼与先母坛的双重功能，是村寨的社会与宗教合二为一的活动中心。

图6-5 露天先母坛
（王旭 摄）
榕江县大利村的露天先母坛，设置在鼓楼坪上，与鼓楼共同构成了全寨的精神及文化生活中心。

图6-6 堂安先母坛
（张志国 摄）/对面页
与其他侗寨的先母坛相比，贵州黎平县堂安侗寨的先母坛（当地称"萨岁坛"）要气派得多。这座建筑的造型汲取了鼓楼与风雨桥的一些元素，显露出一种华丽的气质。不过，紧闭的大门依然表达了它的神秘与庄重。

辟门，长年锁闭。露天神坛通常设置在村寨的鼓楼坪或处于中心位置的旷地上，多用石头垒砌而成，其直径约3米，高约1米，里面也埋着铁锅等物品，有时还有木雕女人头像，上面栽植一株黄杨树，四周植有芭蕉或荆棘。

在对先母坛的供奉方式方面，依地区的不同而略有区别。在侗族聚居的中心区域，如贵州省的黎平、从江、榕江一带，先母坛的大门一般都是终年锁闭，坛内既不焚香烟，也不烧神纸。一年一度的祭祀时间通常是农历春节的头三天（也就是正月初一到初三），这也是侗族人民与"先母"共度佳节的日子。每到这个时候，先母坛的大门开启，祭祀活动按照固定程序逐一展开，人们身着节日盛装，载歌载舞，感谢先母在天之灵的保佑，并祈求新的一年里万事大吉。但是，在与其他民族交往较频繁的侗族地区，人们对先母坛的敬奉，变得与

村
寨
中
心
的
祭
坛

图6-7 贵州省榕江县大利村
的露天先母坛

榕江县栽麻乡大利村的先母
坛，是露天先母坛的典型代
表之一。这座先母坛平面为
圆形，用石块垒砌而成，上
面种植有芦苇等植物。它与
鼓楼并置在鼓楼坪上，既是
全寨的公共活动中心，也是
全寨的精神信仰中心。

普通的庙宇相差无几，坛内终日香烟缭绕，原
有的特色已不复存在。

正如前面所说，建造先母坛与建造鼓楼同
时被尊为建寨之初的头等大事，先母坛建成之
后，还必须要请专门的卜师来举行仪式以便安
顿先母的神位。而定期祭祀先母坛亦成惯例，
这种现象实际是古代氏族祖先崇拜的残迹。奉
祀祖先的习俗固然在许多氏族中都曾普遍存
在，但侗寨的先母坛则更多地被赋予了村寨守
护神的意义。直截了当地将祖先与寨神合为一
体，反而缩短了神与人之间的距离。因此，作
为村寨灵魂的寨神，就不仅是村寨的缔造者，
而且是村寨的保护者。于是，村寨的安宁繁荣
就同寨神所在的村寨中心建立起一种直观的紧
密联系，这就是村寨中心在村民心目中的地位
如此重要的根本原因。

七、民以食为天

粮食的贮存，与粮食的生产一样，是侗族人民日常生活中的重要事项之一。因此，在侗族村寨中，粮仓的地位几乎与住宅同样重要。理解了这一点，就不难理解为什么侗族的粮仓大都采用干阑式建筑的形式以及与住宅几乎相同的处理方式。其实，赋予粮仓以特殊的关注，在许多民族中都普遍存在。以侗族的这种独立建造的干阑式粮仓为例，不仅在南方地区较为常见，而且在东北的吉林省、黑龙江省等也可见到。其至于琉球群岛及日本本土，也还保存着一些类似的干阑式粮仓或其遗迹。

对于粮仓来说，最要紧的莫过于防范火灾，这也是侗族粮仓大多数都独立于住宅之外单独建造的一个主要理由。正是出于这种考虑，在有的侗族村寨中，我们看得到这样

图7-1 《农书》中的粮仓
在元代王祯所著《农书》中见到的粮仓，与侗族粮仓有着许多相似之处。

图7-2 巨洞粮仓群

集中设置在村外的粮仓群，来自侗家世代相传的信念："火来不留情，烧去房子烧死人，烧了房子还能建，烧了粮米就没命。"

的壮观场景：十几座或几十座干阑式粮仓成排地设置在一起，形成一个庞大的粮仓群，独立于村寨之外。在粮仓群与村寨之间，常常有溪水、道路或有意识设立的防火带的分隔。这种布局方式的优点是，最大限度地减少日常生活用火对粮仓的威胁，即使是村寨不幸发生火灾时，也不致迅速蔓延至粮仓群，从而保障在火灾之后不会再受到粮食短缺的打击。当然，粮仓群也不一定布置在村寨的外围，有时也可布置在村寨的中心，或是村寨的某个角落。但在这些地点，都必须采取有效的防火措施。有些散布在寨内的粮仓，不是位于潺潺的小溪畔，就是架在哗哗的水渠上，其用心之良苦，也无非是为了这五个字："民以食为天"。

图7-3 依山而建的粮仓
顺着山坡的等高线建造的粮仓，既可远离寨内的火源，又可获得良好的通风，为粮食的保存创造了良好的条件。

图7-4 贵州登岑粮仓
屹立在水中的粮仓，不但有防火的好处，
而且有防鼠的考虑。

图7-5 禾晾
养兵千日，用兵一时。平时无所事事的禾晾，只有在挂满禾穗的金秋时节，才有风光无限的感觉。

侗族的干阑式粮仓还有一个突出的特点，这就是没有固定的楼梯。人们要到粮仓存取粮食的时候，通常都是用一根上面砍有若干凹槽的大木板或树丁来作为临时楼梯。这固然有防鼠的考虑，但也有防止外人随意上下粮仓的意图。尽管由于民风淳厚的缘故，这里的许多粮仓其实是从不上锁的。

除了粮仓以外，在侗寨的屋旁塘边，还经常可以看到很多高大的木架，侗家人称其为"禾晾"。禾晾的立柱实际是一根劈为两半的圆木，长约2至3丈。在两根立柱上的对称位置，凿有若干孔眼，其间距为一尺左右，再将杉木棍穿插在孔眼中，就可以用来晾晒禾谷了。

"禾晾"还可以与粮仓结合在一起，形成一种复合性粮仓，也就是将粮仓的周边部分作悬挑处理，并将悬挑部分设计成"禾

图7-6 与禾晾结合的粮仓/左图

将平时闲置的"禾晾"与常年忙碌的粮仓结合在一起，可以将稻谷的晾晒、存放等几道工序包容在同一座建筑中来完成，有利于减少往返运输所造成的浪费。

图7-7 粮仓仓门/右图

侗族的粮仓，虽然有做工精致的仓门，但大多数情况下都是不上锁的。

图7-8 占里村的禾晾
沿着小溪布置的禾晾，成为贵州省从江县占里村的一道别具一格的寨墙，将村寨与喧闹的公路隔绝为两个不同的世界。

晾"的形式，使其将稻谷的晾晒、存放等几道工序包容在同一座建筑中来完成，有利于减少往返运输所造成的浪费。

如果以"禾晾"的形式来取代干阑式粮仓的围合部分，则会形成另一种贮藏建筑类型——晾晒棚。晾晒棚其实是建筑化了的"禾晾"，属于"禾晾"与粮仓之间的一种过渡形式，特别适宜于对数量较多的稻谷作干燥处理。

八、含义丰富的桥梁

图8-1 增冲风雨桥

相对于广西的程阳桥来说，贵州从江的增冲风雨桥在造型处理上要简朴得多，但这并未对它的魅力以及它在村寨中的地位造成太多的影响。相反，它以朴实无华的造型语汇与整个村寨，以及那座著名的鼓楼，默默进行着灵犀相通的呼应。

由于侗族村寨在总体布局上表现出的与溪流的亲和关系，连接溪流两岸的桥梁便具有了特殊的重要性。在侗族聚居地区，大多数桥梁都是廊桥，可为行人遮风避雨，所以人们一般称为"风雨桥"。

在桥梁建造技术方面，"风雨桥"有许多值得称道之处。风雨桥一般由桥墩、桥块、桥身、桥廊、桥亭（或桥楼）等五大部分组成。其桥墩大都用青石砌筑，平面为六角形，分水角大致为68°左右，有利于减少水流的冲击力。当然也有木柱与横梁组成支架来代替桥墩的做法，施工作业将更为简便。由于"风雨桥"的建筑材料主要是木材，遇有河道较宽而又不想多建桥墩的场合，如果用长大的木料直接架在桥墩上作为桥身显然是不经济的，而且也很难找到足够多的长大木料。侗族群众的解决方法是用"悬臂梁"的形式来解决大跨度问题，也就是利用普通木料层层垒叠，逐层向外悬挑，直至用普通木料就可构成

图8-2 往洞风雨桥／上图
只用几根木料叠涩出挑，就解决了减小桥梁跨
度的问题。这座侗族风雨桥所表现出的结构意
识，足以令今天的结构工程师心服口服。

图8-3 贵州锦屏县者蒙风雨桥内部构架／下图
汉族建筑技术的影响，使这座风雨桥多了些人
工雕琢的痕迹，少了些自然天成的质朴。当
然，它的造型还是相当令人愉悦的。

桥身为止。这种方法经济适用，操作简单，即使在今天来看仍有着较强的生命力，充分反映出侗族能工巧匠的聪明才智和高超技艺。

"风雨桥"又因其彩绘精美、装饰华丽而被人称作花桥。从其外观造型（主要是桥廊部分）来看，又大致可分为普通花桥、亭阁花桥、鼓楼花桥三种。普通花桥的桥廊比较简单，一般是人字顶；亭阁花桥的桥廊两端及中央，往往被做成亭阁的式样，具有较强的装饰性；鼓楼花桥则是将鼓楼的造型与廊桥巧妙结合的产物。此外，也有一些花桥的形式比较复杂，装饰的效果也更强烈些。

最负盛名的侗族"风雨桥"，当属广西三江县的程阳桥、贵州黎平县的地坪花桥以及湖南通道侗族自治县的坪坦回龙桥。

程阳桥： 位于广西三江侗族自治县林溪乡马安寨，又称程阳永济桥，于1912年开始动工

图8-4a 广西三江程阳桥（戴志坚 摄）

图8-4b 广西三江程阳桥立面图（引自《桂北民间建筑》）

这座鼎鼎有名的桥梁，目前几乎成了侗族风雨桥的代名词，它的设计者陈栋材可能做梦也想不到自己的作品在几十年后竟然会有如此的辉煌，这里面当然也蕴含着负责施工的莫士群的功劳。当年，为了修建程阳桥，有五十二位首士出面倡导，得到了方圆百里的群众的捐助。而在整个施工过程中，更有很多人参加义务劳动。因此可以说，程阳桥是侗族人民团结协作、乐善好施的传统美德的结晶。

建造，至1924年全部完成。该桥部分结构曾于1937年和1983年两度遭受洪水破坏，目前已按原貌修复。程阳桥1982年被列为全国重点文物保护单位。

"重瓴联阁怡神巧，列砥横流入望遥。"这是郭沫若先生1965年1月20日在为程阳桥题诗中赞美这座风雨桥的诗句，它传神地刻画出程阳桥的壮美形象及气势。程阳桥全长77.76米、宽3.75米、高11.52米。在两个桥堍及三个桥墩上，共建有五座桥亭，并由桥廊连接成一个整体。桥亭的平面形状及大小大致相同，若不加处理则容易给人以呆板和平淡的印象。侗族工匠巧妙地利用屋顶的形式的变化来解决这一问题。五座桥亭共分三种形式：中央桥墩的桥亭屋顶为六角攒尖顶，其余两个桥墩的桥亭是正方形攒尖顶，而桥堍上桥亭则是歇山顶。通过屋顶形式的对比，再加上对称的布局，使整座桥的造型显得重点突出，主次分明。这种在统一中求变化的设计手法常常能够收到事半功倍的效果。

地坪花桥：这座在贵州侗族聚居地区最为著名的风雨桥，凌空飞架于黎平县城以南54公里处的地坪河上。地坪花桥始建于清代光绪九年（1883年），1959年失火烧毁，1964年重建，1981年再度进行修理，目前是全国重点文物保护单位。该桥长约56米、宽4.5米。因桥廊内外有多种彩绘及雕刻而被人们称为"花桥"。从桥梁结构上来看，地坪花桥为一墩二孔悬臂式结构。桥墩以青石砌筑而成，桥墩上

图8-5a~f 贵州黎平县地坪花桥

a 1981年修理之前的地坪花桥
（罗德启 提供）
这是贵州侗族聚居区最为著名的风雨桥。其造型和装饰与广西的程阳桥有着较为明显的区别，反映出同一民族因居住地域的差异而呈现出来的审美趣味的差异。

b 1981年修理之后的地坪花桥
（刘秀丹 摄）
修理之后的地坪花桥，屋脊上的装饰更为多样。

c 地坪花桥上游近景（刘秀丹 摄）
从这个角度看地坪花桥，悬臂式结构气势恢宏。

d 地坪花桥桥头近景
（刘秀丹 摄）
拾级而上进入地坪花桥之
前，首先映入眼帘的便是这
副对联。

e 地坪花桥桥楼（刘秀丹 摄）
一大两小的桥楼，烘托出地
坪花桥主次分明的格局。

f 地坪花桥内景（刘秀丹 摄）
地坪花桥桥楼及桥廊内部的
多幅彩绘花板，散发出浓郁
的侗族民间艺术气息。

用叠置的两排木架分别向桥墩两侧对称悬挑，每层木架悬挑出约2米，每层木架均用8根粗大杉木以榫卯连成整体。桥两侧的桥台上也以同样方式对称悬挑木架。在这对称悬挑而出的木架上方，又承托着两层分别由4根粗大杉木组合而成的木架，从而完成对整个桥面的支撑。这种悬臂式结构的桥梁，可以有效减少桥墩的数量，具有较强的实用价值。在桥墩及两侧桥头的位置，分别建有一大两小3座桥楼，无论是体形上还是外观上都形成了主次分明的格局。位于桥墩之上的桥楼外观与鼓楼相近，5层屋檐，4角攒尖，上有宝顶；两座小桥楼则是3层屋檐，悬山屋顶。桥廊内部，绘制有彩画，主题分别有人物、山水、花木及动物等，具有浓郁的侗族民间艺术风格。

坪坦回龙桥： 与桂黔两地的侗族风雨桥相比，湖南的侗族风雨桥给人的印象更为朴实厚重，其典型代表之一就是位于湖南省通道县坪坦乡的回龙桥。回龙桥位于坪坦乡的小溪河上。始建年代不详，1931年重修。原桥墩为木墩，1974年维修时，改木墩为石墩。该桥的特殊之处是，桥的西段用三层木排架，逐层倾斜向上悬臂伸出，形成折线形拱券，拱券外侧用木板封护；东段则采用与地坪花桥相类似的两层木排架，逐层水平出挑承托桥面。在一座桥上采用了两种不同的结构形式，呈现出截然不同的造型特征，体现了湖南地区侗族工匠构思独特的建桥工艺水平。

图8-6a 湖南通道坪坦回龙桥全貌（柳肃 摄）/上图
这座桥的独特之处在于它采用了两种结构形式：在
河流上方采用的是逐层倾斜向上、悬臂伸出三层木
排架构成的折线形拱券，拱券外侧用木板封护；另
一段则采用与地坪花桥相类似的两层木排架，逐层
水平出挑承托桥面。

图8-6b 湖南通道坪坦回龙桥桥头（阎照 摄）/下图
桥上的标语，已经成为一个时代的印记。

图8-6c 湖南通道坪坦回龙
桥内景（柳肃 摄）/上图
回龙桥内部几乎没有彩画等装
饰，显得朴实无华。从图片中
还可看出，桥的平面并非一条
直线，而是略带弧形，从平面
上呼应"迂回龙脉，环抱村
庄"的桥名含义。

图8-6d 湖南通道坪坦回龙
桥桥亭（柳肃 摄）/下图
回龙桥中部的桥亭，在方形
的平面上演化成六边形的屋
顶，过渡自然顺畅，造型简
洁大方。在屋脊及顶部的装
饰与构造方法上，已经带有
比较明显的汉族工艺影响的
痕迹，也是侗族与汉族民间
建造技艺相互影响的缩影。

含义丰富的桥梁

侗寨建筑

筑境 中国精致建筑100

图8-7a 广西三江岜团风雨桥（戴志坚 摄）

图8-7b 广西三江岜团风雨桥剖面图（引自《桂北民间建筑》）

在同一座桥上分别为行人与牲畜设置通道的做法，使岜团风雨桥身价倍增。利用桥面的高差将人畜分离，既可使过往行人免受牲畜的干扰，又有利于保证主桥面的清洁，在营造安逸、干净的环境的同时，也可以充分满足风雨桥的其他各种功能的需要。

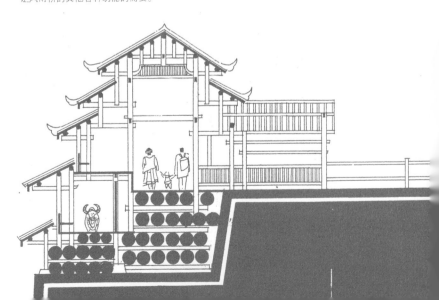

如果说上述三座风雨桥在建筑造型和建筑装饰方面下的功夫较大，人工雕琢的痕迹略多的话，那么，大多数的风雨桥还是把重点放在解决实际使用问题方面，其总体形象一般都是朴实无华的。

广西三江县的岜团风雨桥在巧妙解决人、畜交通分流方面的做法，堪称是前无古人。该桥建于清宣统二年（1910年），其最突出的特点是在同一座桥上分别为行人与牲畜设置了通道，具体做法是主桥面为人行桥面，在主桥面的一侧设有牲畜专用道，二者之间的高差约1.5米。这样的处理将人畜分离，既可使过往行人免受牲畜的干扰，又有利于保证主桥面的清洁，为人们提供了一个安逸、干净的环境，同时也可以充分满足风雨桥的其他各种功能的需要。

除了解决交通问题之外，"风雨桥"还具有十分丰富的功能。

在汉族的风水观念的影响下，有的村寨尽管并不临河跨水，却也在平地上建造一座风雨桥，其目的就是为了从形式上满足风水对理想居住环境所提出的要求。这种现象也从一个侧面说明，风雨桥已经由它原来所具有的实用功能逐渐向精神意义方面转化。因此，它在侗族村寨生活中所占有的地位也就不可同日而语了，甚至有人将它看做是侗族村寨的缩影，其理由是风雨桥的中央桥亭就像是村寨里的鼓楼，长长的桥廊就像是排

图8-8 从江高增风雨桥

风雨桥的内部其实都是很简洁的，但人们依然乐于亲近它。除了匆匆的过客在桥上小憩之外，村民们也常在桥上度过许多闲暇时光。

列整齐的木楼，而桥堍的桥亭又好像是村寨的寨门，而更重要的是，风雨桥上的许多活动，正是村寨日常活动的重演。

事实上，在侗寨的风雨桥上，你常常可以看得到正在聊天、休憩的老人，或是正在织布、纺线的妇女，还可以看得到朦胧夜色中那些轻吟低唱着情歌小调的男女青年，当然也看得到喜气洋洋迎送宾客的热闹场面。人们不但把风雨桥看做是一个沟通水陆联系的交通枢纽，而且把它看做是一个沟通人际关系的精神枢纽。在这种观念的引导下，既能遮风避雨，又能坐卧依倚的风雨桥实际上已演变成整个村寨的公共客厅。正是在这开敞通透的桥廊与侗家木楼的前廊之间、公众空间与家居空间之间，相似的活动与氛围之中，徐徐展现出一幅多彩多姿、其乐融融的侗家生活画卷。

图8-9 贵州黎平县地扪村双凤花桥

尽管地扪河不宽，但村民们对于桥梁的建设依然赋予极大的热情。姿态轻盈的双凤花桥长度为25.5米，宽3.4米。值得注意的是，这座桥的桥拱部分，已经用石材取代了木材，不仅增强了结构的强度，也使桥梁的防火性和耐久性得以有效提升，同时又大大节约了木材的用量。虽然材料和结构形式都有明显的变化，但风雨桥的各种经典元素，在这座小小的花桥上应有尽有。这种在传统形式上的推陈出新，不仅可以供侗寨民居建筑的传承更新参考，也可为其他地区的传统建筑的继承和发展提供范本。

风雨桥又是人们发挥艺术天赋的极好场所。不管是在桥梁的外部造型方面，还是在桥梁的内部装饰方面，都可以看得到侗族能工巧匠的精彩表演。独特的建筑造型、丰富的色彩、简练的线条，直观地显示出侗家富有个性的审美意象。

风雨桥也是侗族群众逢年过节前来进香祈神的地方。在许多风雨桥的桥塪桥亭里，都可以看得到"神龛"。这些神龛的形式很多。大小也不太一致，比较常见的尺寸是高80厘米、宽50厘米、深30厘米。神龛里供奉的大都是汉族地区最为普遍的关公、土地牌位或神像，这也从一个侧面反映出当时人们对洪水危害的重视以及对风调雨顺的好年景的憧憬。

图8-10 贵州黎平县地扪村双龙花桥
双龙花桥位于地扪村中的地扪河下游，与其上游的双凤花桥遥相呼应，龙凤呈祥的寓意表露无遗。双龙花桥桥长19.8米，宽6.3米，虽然在长度上略逊于双凤花桥，但在宽度上差不多翻了一番，整体造型上也显得更为简洁明快。

九、戏台、凉亭、水井

随着社会与文化的发展，建筑的类型也会不断涌现和更新。侗族的戏台正是在这种背景下产生的。虽然侗族聚居地区早在元代就已经出现了类似于曲艺的说唱艺术形式，但真正发展较为成熟的"侗戏"则是在19世纪初期，而对其影响较大的主要有湘剧、彩调、桂剧及汉族的其他一些地方剧种。因此，侗族的戏台真正定型的时间也不会太早。不过，从目前我们所看到的情况来看，戏台已经逐渐发展成为侗族村寨中的一个重要组成部分，它们本身也具有若干比较明显的特征。

在布局上，与看戏的基本要求相适应，戏台通常都与鼓楼广场结合起来布置，使村寨中心的凝聚力得到更进一步的加强。

a 戏台外观

b 戏台速写

图9-1a,b 高进村的戏台（全珏 绘）
人们对戏台的兴趣并不在于建筑是否精美，而是
要看它是否能将生活真实、艺术地再现出来。

图9-2 者蒙凉亭
贵州省锦屏县者蒙村的这座凉亭，建在寨内比较显要的位置，尽管它体量不大，结构与用材也很一般，但却以其有别于普通住宅的外观形象，构成了全寨的视觉中心。凉亭的内部处理与鼓楼几乎完全相同，中心处也置有火塘，令人自然而然地联想到它与鼓楼之间所具有的某种内在联系。

就形式来说，侗族戏台主要有两类，一种是独立式戏台；另一种是组合式戏台。前者是指它本身仅具备演戏的条件，而后者则指它除了供演戏使用以外，还具有其他多种用途，是一个建筑综合体。

凉亭也是侗族村寨中比较常见的一种建筑类型。根据它所处位置的不同，凉亭也有寨内凉亭、路边凉亭及水井凉亭等几种形式。

寨内凉亭在某种意义上来说，具有与鼓楼十分相似的功能。例如贵州省锦屏县者蒙村凉亭，建在寨内比较显要的位置，尽管它体量不大，结构与用材也很一般，但却以其有别于普通住宅的外观形象，构成了全寨的视觉中心。凉亭位于一陡坡旁，采用了干阑式建筑形式，底层架空，三面设有坐凳，中心处置有火塘，令人怀疑身在鼓楼中。

图9-3 黎平县小寨头村井亭（金珏 绘）／上图
这座井亭实际上是一座凉亭与一座开敞的干阑式建筑组合而成的。它以建筑的形式，将日常的取水、运水及其等候、休息的过程浓缩在一个看似有限、却又无限的空间中，令人深切地感受到侗族群众对家居生活的真正理解和善待他人的朴素心态。

图9-4 侗寨水井／下图
水井既是村民生活用水的主要来源，也是他们日常活动中相互交流的一个重要场所。物质和精神的双重需求，似乎都可以在小小的水井旁得到充分的满足。

热情好客的侗族人民经常在交通要道上建造凉亭，以利过往行人小憩。这类路边凉亭也大多设有火塘，并备有柴火及饮水。在这里，夏天可以饮水纳凉，冬天可以烤火取暖。若非有对长途跋涉之艰辛的切身体验，绝难领会蕴藏于其中的深深情意。

在黎平县小寨头村，我们见到了一座十分地道的侗族水井凉亭。为保护水源的洁净并免除冒雨取水的烦恼，在水井上建亭盖屋的做法在其他民族中本很常见，但侗族的水井凉亭却更具有一种自然淳朴的韵味。这座井亭实际上是一座凉亭与一座开敞的干阑式建筑组合而成的。它以建筑的形式，将日常的取水、运水及其等候、休息的过程浓缩在一个看似有限、却又无限的空间中，令人深切地感受到侗族群众对家居生活的真正理解和善待他人的朴素心态。

图9-5 侗寨山泉（张志国 摄）
常言说山高出好水，由于地处山区，侗寨中经常有终年流淌的山泉。村民们都很自觉地遵守村里的规定，为保护这些山泉的洁净创造了良好条件。

十、侗家的希望

侗族建筑是在长期的探索过程中逐渐发展的，它所取得的艺术成就也是建立在当时的生产力条件基础之上的。因此在充分估量侗族建筑艺术的独特成就的同时，人们也不能不注意到它本身所具有的某些局限性。最为突出的问题之一就是木材的易燃性，始终是对侗族村寨的家家户户随时可能发生的严重威胁。尽管现代的消防设施较之过去有了很大的改善，但传统的密集聚居生活习俗也给木楼的防火工作造成了一定的困难。随着生活条件的逐步改善和生活习惯的逐步转变，侗家的炊事用火已经出现了由火塘向炉灶、由楼上向楼下逐渐过渡的态势，这虽然可以对木楼的防火工作产生一定的有利影响，但并不能从根本上解决问题。此外，家用电器的大量进入侗族家庭，在加速了生活现代化进程的同时，也为侗族木楼带来了新的导致火灾的隐患。尽快摆脱火灾的威胁，事实上已成为侗族群众最为迫切的愿望之一。

图10-1 黎平地扪生态博物馆外景
为了深入研究和传承侗族传统文化，在黎平县地扪村建立了生态博物馆。生态博物馆的建筑在外观上忠实地保留了传统的侗族建筑样式，但在内部空间和室内配置上进行了大胆的革新，使之既能延续传统风貌，又能适应现代生活的需求。

本来要解决这一问题也不是太大的难事，只要用其他不易燃烧的建筑材料来取代杉木，就能使火灾的威胁减少很多。问题在于，侗族聚居地区特定的地理环境条件又使这种愿望难以实现。因为在这一地区，由于资源和生产条件的制约，其他建筑材料的价格远较木材为高，而且这种状况也难以在短期内得到根本性的转变。另一方面，其他建筑材料的引入势必会与原有的干阑式木楼的平面布局形式发生一些冲突，这也在一定程度上限制了它的全面推广。

令人欣慰的是，目前有关方面正组织专家学者对这一问题开展专门的研究工作，其主要目标就是要在保持侗族传统居住生活特色的前提下，使其居住生活环境质量得到显著的改善和提高。我们相信，在不远的将来，一种适应现代化生活条件的侗族居住建筑体系，将会以崭新的、但又具有侗族民族特色的面貌出现在山清水秀的侗乡。侗家的希望，一定会变为现实。

图10-2 黎平地扪生态博物馆收藏的侗族纺车
在地扪生态博物馆中，不仅收藏了侗族群众日常生活中的一些器物，还经常举办各种传统技艺的培训，为侗族非物质文化的继承和发展提供了良好的条件。

大事年表

朝代	公元纪年	大事记
清	1644—1661年	建造湖南通道马田鼓楼
	1672年	建造贵州从江增冲鼓楼
	1821年	广西三江平寨鼓楼建成
	1864年	建造广西三江亮寨鼓楼
	1877年	建造贵州榕江车寨鼓楼
	1894年	建造贵州地坪风雨桥
	1902年	建造广西三江华练风雨桥
	1910年	建造广西三江马胖鼓楼
	1910年	建造广西三江巴团风雨桥
中华民国	1912年	动工建造广西三江程阳桥
	1924年	广西三江程阳桥全部建成
	1937年	广西三江程阳桥部分结构被洪水损坏，后进行维修
	1943年	重建广西三江马胖鼓楼
中华人民共和国	1959年	贵州地坪风雨桥被火烧毁
	1964年	重建贵州地坪风雨桥
	1981年	全面维修贵州地坪风雨桥
	1982年	广西三江程阳桥被公布为全国重点文物保护单位
	1983年	广西三江程阳桥部分结构再次被洪水损坏，后进行维修

图书在版编目（CIP）数据

侗寨建筑／杨昌鸣撰文／摄影. —北京：中国建筑工业出版社，2014.10
（中国精致建筑100）
ISBN 978-7-112-17163-7

Ⅰ. ①侗… Ⅱ. ①杨… Ⅲ. ①侗族-建筑艺术-西南地区-图集 Ⅳ. ① TU-862

中国版本图书馆CIP数据核字（2014）第189171号

◎中国建筑工业出版社

责任编辑：董苏华 张惠珍 孙书妍 孙立波
技术编辑：李建云 赵子宽
图片编辑：张振光
美术编辑：赵 清 康 羽
书籍设计：瀚清堂·赵 清 周伟伟 康 羽
责任校对：张慧丽 陈晶晶 关 健
图文统筹：廖晓明 孙 梅 骆毓华
责任印制：郭希增 臧红心
材料统筹：方承艺

中国精致建筑100

侗寨建筑

杨昌鸣 撰文/摄影

中国建筑工业出版社出版、发行（北京西郊百万庄）

各地新华书店、建筑书店经销

南京瀚清堂设计有限公司制版

北京顺诚彩色印刷有限公司印刷

开本：889×710毫米 1/32 印张：3 插页：1 字数：125千字
2016年10月第一版 2016年10月第一次印刷
定价：**48.00**元
ISBN 978-7-112-17163-7
　　（24374）